AF313856

MÉMOIRE

SUR

L'AMÉLIORATION DES CHEVAUX

DANS LES DEUX DÉPARTEMENS DU RHIN;

TRAITANT :

1.º De l'origine des chevaux de sang et de leur utilité;
2.º De l'avantage de l'éducation domestique, de divers abus et des moyens de les prévenir ou d'y remédier;
3.º De l'accouplement prématuré;
4.º De l'usage défectueux du javelage;
5.º De l'arrosement des prairies;
6.º Du dessèchement des marais.

PAR P. J. THIERY,

DIRECTEUR DU DÉPÔT ROYAL D'ÉTALONS DE STRASBOURG, ETC.

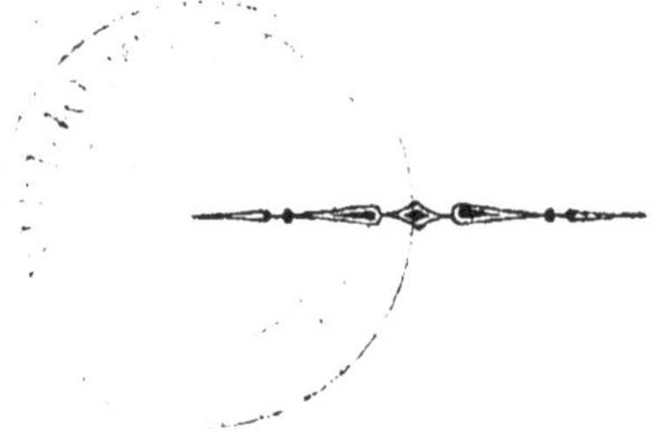

STRASBOURG,

De l'imprimerie de F. G. LEVRAULT, rue des Juifs, n.º 33

1835.

MÉMOIRE

SUR

L'AMÉLIORATION DES CHEVAUX.

---

§. I.er *Origine des chevaux de sang; — leur utilité.*

Parmi les personnes qui se livrent en Alsace à l'éducation des chevaux, il en est peu qui apprécient toutes les qualités de l'étalon de pur sang ou de race noble; la plupart paraissent croire qu'il n'est point apte à améliorer, d'une manière satisfaisante, les chevaux de trait, quelles que soient du reste les qualités de la mère; mais seulement à produire les chevaux de selle les plus propres à la course. Ils n'admettent pas que ce cheval aussi fort, aussi vigoureux, aussi robuste que courageux, souple et dispos, et dont la sobriété est sans exemple, transmette à l'espèce de trait les qualités qui le distinguent si éminemment.

Cette question ne peut être négligée, elle est d'une trop haute importance; mais avant de l'éclairer par des faits notoires, il ne sera peut-être pas inutile de jeter un coup d'œil rapide sur l'origine de cet animal remarquable, et sur les motifs qui ont fondé sa réputation.

Sa patrie est l'Orient. Des diverses races de che-

Memoire

über

die Verbesserung der Pferdezucht.

---

§. I. Herkunft der Hengste von unvermischtem Geblüte; — ihr Nutzen.

Unter den Personen welche sich im Elsaß mit der Pferdezucht abgeben, sind wenige, welche alle Eigenschaften des Hengstes von unvermischtem Geblüte oder von edler Abkunft zu schätzen wissen: die meisten scheinen zu glauben er sey nicht fähig die Art der Zugpferde auf eine befriedigende Weise zu verbessern, welches übrigens auch die Eigenschaften der Stute seyn mögen; sondern daß er nur Reitpferde zeugen könne, welche gute Läufer werden. Sie nehmen nicht an, daß ein solcher Hengst, eben so stark, eben so kraftvoll, eben so dauerhaft als muthig, gelenkig und munter, und dessen Genügsamkeit beispiellos ist, der Zugpferdart die Eigenschaften mittheile, welche ihn in so hohem Grade auszeichnen.

Diese Frage darf nicht übergangen werden, denn sie ist von zu hoher Wichtigkeit; bevor wir sie aber durch allbekannte Thatsachen beleuchten, wird es nicht überflüßig seyn, einen flüchtigen Blick auf die Herkunft dieses merkwürdigen Thiers und auf die Mittel zu werfen, welche seinen Ruf begründet haben.

Seine Heimath ist das Morgenland. Unter den ver=

vaux de haute distinction qui peuplent cette belle partie du monde, on reconnaît généralement l'Arabe nommé *Kochlani,* et selon quelques auteurs *Kekhilan,* pour le plus parfait sous le rapport des formes, des moyens, et de l'aménité des mœurs et du caractère; son extérieur est d'une beauté vraiment digne d'admiration : toutes les parties en sont brillantes, solidement établies, et l'on ne peut plus heureusement disposées : il existe entre elles une harmonie qui constitue la force, la souplesse et l'élégance de ses mouvemens; il réunit encore à une vigueur dont on a peu d'exemples, une docilité, une douceur et une résignation qui le placent au-dessus des autres animaux domestiques.

Sous ces différens rapports n'a-t-on pas admis, comme fait incontestable, que ce cheval de pur sang, après l'espèce humaine, est l'animal qui approche le plus de la perfection?

Bien que l'Arabe soit de taille peu élevée (les plus grands ne dépassent guère 4 pieds 7 pouces), que son corps soit peu volumineux et que ses membres paraissent un peu grêles aux yeux de quelques personnes, il n'en est pas moins, de tous les chevaux répandus sur le globe, le plus fort, le plus robuste, le plus agile; rien de plus énergique que ses muscles, et les os de ses membres, les canons particulièrement, sont tellement durs, tellement compactes, qu'ils sont plus lourds que les mêmes parties de l'épais et matériel carrossier de la Frise.

On considère avec raison le climat de l'Arabie comme le plus favorable à l'espèce chevaline : là, et peut-être là seulement, la race pure ne s'abâtardit pas, elle ne s'altère nullement. On n'est point, ainsi

schiedenen in hohem Grad ausgezeichneten Pferdarten, welche dieser schöne Theil der Welt hervorbringt, ist vorzüglich die arabische bemerkenswerth, welche Koch= lani, und nach einigen Schriftstellern Kehhilan ge= nannt wird, als die vollkommenste hinsichtlich der Ge= stalt, der Fähigkeiten und des angenehmen Charakters: das Aeußere dieser Pferde ist von bewunderungswer= ther Schönheit; alle Theile derselben sind prächtig, fest gebaut und auf das schönste geformt; es herrscht darin ein Ebenmaß, welches ihren Bewegungen Stärke, Gelenkigkeit und Zierlichkeit giebt; mit einer Kraft wovon man wenig Beispiele hat, vereinigen sie eine Folgsamkeit, eine Sanftheit und eine Ergebung, die sie über alle anderen Hausthiere erheben.

Aus diesen verschiedenen Gesichtspunkten betrachtet, hat man nicht als unbestreitbare Thatsache angenommen, daß das arabische Pferd von unvermischtem Geblüt das= jenige Thier ist, welches, nach dem Menschen, der Vollkommenheit am nächsten kommt?

Obgleich das arabische Pferd nicht besonders groß (die größten haben selten über 4 Schuh 7 Zoll), sein Leib nicht dick ist, und seine Beine manchen Personen etwas dünn scheinen; so ist es nichtsdestoweniger von allen auf dem Erdboden verbreiteten Pferden das stärkste, das dauerhafteste und das behendeste; nichts ist kraft= voller, als seine Muskeln, und die Knochen seiner Füße, insonderheit die Beinröhren, sind so hart, so fest, daß sie viel schwerer sind, als die nämlichen Theile des dicken und schwerfälligen Friesländer Kutschenpferdes.

Mit Recht hält man das Klima von Arabien zur Pferdezucht für das günstigste; dort, und vielleicht nur allein dort, artet das reine Geschlecht nicht aus, und erhält sich unvermischt. Man hat nicht nöthig, wie sol=

que cela a lieu partout ailleurs, dans la nécessité de la retremper par des croisemens d'élémens tirés d'autres pays. Là encore se trouve l'homme le plus capable de·soigner cet intéressant animal et de veiller à sa conservation : il lui prodigue les soins les mieux entendus sous le rapport du pansage; il le traite comme son meilleur ami, ils semblent ne faire qu'une même famille, ils habitent constamment sous la même tente; la femme, le mari, les enfans y sont confondus, ils couchent pêle-mêle avec les jumens, avec les poulains, et l'on n'a pas d'exemple qu'il en soit résulté d'accidens. Aussi l'Arabe ne fut jamais capable d'un mauvais traitement, d'un mauvais procédé même envers son cheval; il le fait aller ordinairement au pas, il ne lui fait sentir le coin de l'étrier, seul aiguillon dont il se serve à son égard, que pour le prévenir qu'il doit faire usage de ses moyens : alors l'intrépide coursier s'élance avec tant de vélocité que sa course est souvent plus rapide que celle de l'autruche; il saute haies et fossés aussi légèrement que la biche; franchit souvent seize à dix-sept lieues sans s'arrêter : il en est qui ont ainsi parcouru jusqu'à quarante lieues; ces animaux sont encore si bien dressés que, si le cavalier vient à tomber, ils s'arrêtent tout court, même dans le galop le plus rapide. Ils sont assurément des animaux les plus capables d'éducation, et aussi les plus courageux, les plus infatigables, les plus utiles serviteurs de l'homme. De toutes les races de l'espèce, l'arabe est encore la plus sobre; on a vu des cavaliers et des chevaux qui sont restés trois jours et trois nuits sans prendre aucun aliment. Ils ne mangent guère que de nuit; leur nourriture

ches sonst überall der Fall ist, die Art, durch die Ver=
mischung mit Arten aus andern Ländern, wieder zu
verbessern. Der Bewohner Arabiens ist der Mann,
welcher am besten versteht dieses interessante Thier zu
besorgen und über seine Erhaltung zu wachen; er ver=
schwendet die größte Sorgfalt an ihm, hinsichtlich der
Wartung; er behandelt es wie seinen besten Freund,
sie scheinen nur eine Familie miteinander auszumachen,
sie wohnen beständig unter dem nämlichen Zelte; die
Frau, der Mann, die Kinder sind daselbst vermengt,
sie liegen untereinander mit den Stuten, mit den Füllen,
und man hat kein Beispiel, daß je ein Unglück daraus
entstanden wäre: auch erlaubt sich der Araber nie eine
schlechte Behandlung, ein übles Benehmen gegen sein
Pferd; gewöhnlich läßt er es im Schritt gehen, und
läßt es die Ecke des Steigbügels, des einzigen Antrei=
bungsmittels dessen er sich bedient, nur darum fühlen,
um ihm anzudeuten, daß es von seinen Fähigkeiten Ge=
brauch machen soll: alsdann schießt der unerschrockene
Renner mit solcher Schnelligkeit vorwärts, daß er oft
im Laufe den Strauß übertrifft; er springt über Häge
und Gräben eben so leicht weg, als das Reh; macht
öfters sechzehn bis siebenzehn Stunden ohne anzuhalten;
ja manche haben sogar bis vierzig Stunden ununter=
brochen zurückgelegt. Diese Thiere sind auch so gut ab=
gerichtet, daß, wenn der Reiter herabfällt, sie sogleich
stehen bleiben, sogar im stärksten Galopp. Sie sind
sicher die Thiere welche am meisten einer Erziehung
fähig sind; sie sind auch die muthigsten, unermüdlichsten
und nützlichsten Diener des Menschen. Von allen Pferd=
arten ist die arabische auch die genügsamste; man hat
Reiter und Pferde gesehen, welche während drei Tagen
und drei Nächten keine Nahrung zu sich genommen

pour vingt-quatre heures se borne ordinairement à 7 ou 8 livres d'orge, et quelquefois même à de maigres racines.

La durée ordinaire de la vie des chevaux de pur sang arabe est de 25 à 30 ans; ils sont peu sujets aux maladies graves, et conservent généralement leurs moyens, leur énergie, jusqu'à la fin de leur carrière. Le cheval de pur sang est plus vigoureux à 25 ans que ne l'est à 12 le cheval commun : l'ardeur des individus de ces espèces ne souffre jamais de comparaison; c'est un feu sacré qui chez le premier ne s'éteint qu'avec la vie.

Les Arabes ont su maintenir dans toute son intégrité les qualités naturelles de leur race pure, ils la distinguent de celles dégénérées, et en tout ils admettent trois classes. La première, nommée *Kochlani*, est celle des chevaux nobles, de race ancienne et pure des deux côtés; la seconde, appelée *Kadischi*, est celle des chevaux de race ancienne, mais qui se sont mésalliés; et la troisième est celle des chevaux communs, dite *Attechi*. D'après certains auteurs ce serait à Mahomet que l'on devrait l'excellente institution du livre généalogique des races; d'autres la font remonter à des temps plus éloignés encore. Quoi qu'il en soit, cette sage institution a été établie sous une direction si prévoyante, si habile, si bien conçue, que rien n'est plus authentique, mieux connu, que la lignée de chaque individu. Rigoureusement observée, cette mesure fera à jamais la fortune, la gloire et le bonheur de l'Arabie.

Cet exposé succinct me paraît suffisant pour dé-

haben. Sie fressen selten anders als Nachts; ihre Nahrung für vier und zwanzig Stunden beschränkt sich gewöhnlich auf 7 bis 8 Pfund Gerste, und bisweilen sogar nur auf elende Wurzeln.

Die gewöhnliche Lebensdauer der arabischen Pferde von unvermischtem Geblüte erstreckt sich auf 25 bis 30 Jahre; schweren Krankheiten sind sie wenig unterworfen, und überhaupt behalten sie ihre Fähigkeiten, ihre Kraft, bis an ihr Lebensende. Das Pferd von unvermischtem Geblüt ist im 25sten Jahre noch stärker als das gemeine Pferd im 12ten. Das Feuer solcher Pferde kann mit nichts verglichen werden; es ist ein heiliges Feuer, welches bei denselben nur mit dem Leben verlischt.

Die Araber haben die natürlichen Eigenschaften ihrer Pferde reiner Abkunft in ihrer ganzen Vollkommenheit zu erhalten gewußt; sie unterscheiden diese von den ausgearteten, und überhaupt nehmen sie drei Classen an. Die erste, Kochlani genannt, ist die der edlen Pferde, von beiden Seiten alten und reinen Geschlechts; die zweite, Kadischi genannt, ist die der Pferde alten Geschlechts welche sich mit geringeren vermischt haben, und die dritte ist die der gemeinen Pferde, Attechi genannt. Nach gewissen Schriftstellern hätte man Mahomet die vortreffliche Einrichtung des Geschlechts-Buchs zu verdanken; andere setzen diese Einrichtung noch in frühere Zeiten hinauf. Dem sey nun wie ihm wolle, diese kluge Einrichtung ist unter einer so vorsichtigen, so wohlverstandenen Leitung getroffen worden, daß nichts glaubhafter, nichts besser bekannt ist, als die Abstammung jedes Pferds. Wenn diese Maßregel genau befolgt wird, so wird sie auf immer den Reichthum, den Ruhm und das Glück von Arabien ausmachen.

Diese kurzgefaßte Darstellung scheint mir hinreichend

montrer que le cheval arabe réunit la force à la vigueur, le courage à la vîtesse, la douceur à l'intelligence, et à toutes ces qualités la sobriété : outre ces avantages et rares et précieux, il en possède un autre encore, celui de transmettre à ses descendans partie de ce sang généreux qui lui donne tant de supériorité et de puissance dans l'acte de la reproduction. L'exemple de ses succès, non-seulement en Angleterre, mais aussi chez tous les peuples qui en font un véhicule d'amélioration, est la meilleure preuve à donner de son énergique influence.

A ceux qui auraient besoin de nouvelles preuves à l'appui de ce qui précède touchant l'aptitude du cheval de sang comme régénérateur, nous dirions qu'il y a deux siècles à peine, la Grande-Bretagne, en possession aujourd'hui de chevaux de toutes espèces enviées par l'Europe entière, venait se remonter en chevaux de luxe, de cavalerie et de gros trait en Espagne et en France; que ces améliorations notables et satisfaisantes, elle ne les doit qu'à l'emploi des étalons et des jumens arabes, ou à celui de leurs descendans, les Barbes, les Persans et les Turcs. Il y a plus même, c'est que le perfectionnement ne s'est point borné à l'espèce de chevaux de course, comme beaucoup de gens encore paraissent le croire : ces fameux chevaux de chasse, de voitures publiques et de gros trait dont les trois royaumes s'enorgueillissent, doivent leurs moyens extraordinaires aux chevaux de pur sang d'où ils dérivent à un degré plus ou moins éminent.

Mais pourquoi aller outre mer chercher des faits

zu seyn, um zu beweisen, daß das arabische Pferd mit
der Stärke, dem Muth, der Schnelligkeit, die Sanft=
heit, die Gelehrigkeit, und mit allen diesen Eigen=
schaften die Genügsamkeit verbindet. Außer diesen sel=
tenen und kostbaren Vortheilen besitzt es noch einen
andern, denjenigen nämlich, daß es seinen Abkömmlin=
gen von jenem edeln Blut mittheilt, welches ihm einen
so großen Vorzug und so viel Gewalt in der Zeugung
giebt. Das Beispiel der schönen Erfolge welche man
nicht allein in England, sondern auch in allen Ländern
erhalten hat, wo man sich dieser Pferdart zur Zucht=
veredlung bediente, ist der beste Beweis von seinem kräf=
tigen Einfluß.

Denjenigen, welche etwa noch neuer Beweise zur
Bestärkung dessen bedürften was bereits schon über die
Tauglichkeit des Pferds von unvermischtem Geblüt zur
Zuchtveredlung ist gesagt worden, wollen wir Folgen=
des beifügen: Großbritannien, welches jetzt Pferde von
allen Gattungen besitzt, um die es ganz Europa beneidet,
bezog vor kaum zweihundert Jahren seine Luxuspferde,
seine Cavallerie= und schweren Zugpferde aus Spanien
und aus Frankreich; und diese bedeutenden Verbesse=
rungen verdankt es den arabischen Hengsten und Stu=
ten, oder den Abkömmlingen derselben, den berberschen,
persischen und türkischen Pferden. Dabei hat sich die
Vervollkommnung nicht bloß auf die Rennpferde be=
schränkt, wie viele Leute es noch zu glauben scheinen;
jene berühmten Jagdpferde, Post= und schweren Zug=
pferde, auf welche die drei Königreiche stolz sind, ha=
ben ihre außerordentlichen Fähigkeiten den Pferden von
unvermischtem Geblüte zu verdanken, von denen sie in
einem mehr oder minder nahen Grad abstammen.

Was haben wir aber nöthig jenseits des Meers zu

saillans qui ne permettent pas de douter que les chevaux de sang soient aussi capables de restaurer les
races de trait des diverses espèces, que celle des chevaux de selle; n'avons-nous pas en France, en Alsace
même, des exemples qui confirment leurs succès
avec les jumens de trait du pays?

Fulfort, venu en Alsace à un âge avancé, et après
avoir résisté aux secousses les plus violentes, n'y a-t-
il pas donné, avec des jumens de trait, les meilleurs
chevaux que nous possédions? Toutes celles de ses
productions issues de bonnes poulinières (de ces
jumens réunissant à de bonnes proportions, de la
vigueur, et qui nourrissent bien), dont l'éducation
a été passablement bien soignée, ne sont-elles pas
d'excellens chevaux? ne sont-elles pas beaucoup plus
propres au même genre de travaux que leurs mères?
ne sont-elles pas plus fortes, plus robustes, plus sobres
que leurs frères provenant d'autres étalons? n'ont-
elles pas été recherchées de préférence par les offi-
ciers de l'armée et par le commerce? Toutes les
filles de Fulfort, présentées aux concours dans un
état prospère, n'ont-elles pas été primées? Le plus
grand nombre des résultats de cet étalon faisaient
concevoir de flatteuses espérances jusqu'à l'âge de un
à deux ans; mais retenus à l'étroit dans des locaux
mal-sains, souvent nourris d'alimens médiocres, ou
bien (et c'est peut-être le plus grand nombre) livrés
sans précaution aux travaux avec des animaux froids
et tardifs, dès l'âge de deux ou trois ans, ces poulains ayant des allures plus alongées, plus vîtes,
étant encore beaucoup plus ardens que les chevaux
attelés avec eux, n'ont pu, à un âge aussi tendre,

die Augen fallende Thatsachen zu suchen, welche außer
Zweifel setzen, daß die Pferde von unvermischtem Ge=
blüte eben so fähig sind die verschiedenen Arten von
Zugpferden zu veredeln, wie die der Reitpferde; haben
wir nicht in Frankreich, sogar im Elsaß, Beispiele
welche ihre guten Erfolge mit den Zugstuten des Lan=
des beweisen?

Hat nicht Fulfort, welcher schon ziemlich alt war
als er in das Elsaß kam, und sehr viel ausgestanden
hatte, mit Zugstuten die besten Pferde gezeugt, die wir
je besaßen? Sind nicht alle diejenigen Füllen, die er
mit guten Füllenstuten (das heißt, mit solchen Stuten,
die mit guten Proportionen Kraft verbinden und die
gut säugen) gezeugt hat, und auf deren Erziehung
einige Sorgfalt ist verwendet worden, vortreffliche
Pferde? sind sie nicht weit besser zur nämlichen Art von
Arbeit, als ihre Mütter? sind sie nicht viel stärker, viel
genügsamer als ihre Brüder die von anderen Hengsten
ausgefallen sind? sind sie nicht von den Offizieren der
Armee und von den Handelsleuten vorzugsweise gesucht
worden? Haben nicht alle Stutfüllen des Fulfort, die
in einem günstigen Zustande zu den Concursen gebracht
wurden, Prämien erhalten? Die meisten von diesem
Hengste ausgefallenen Füllen haben bis zum Alter von
einem oder zwei Jahren die schönste Hoffnung gegeben;
aber in engen und ungesunden Ställen eingesperrt,
oft mit mittelmäßigem Futter genährt, oder gar (und
vielleicht die meisten) im zweiten oder dritten Jahre
schon, ohne alle Vorsicht mit kraftlosen und langsamen
Pferden zur Arbeit gebraucht, konnten diese Füllen, da
sie einen gestrecktern und schnellern Schritt haben, und
viel hitziger sind, als die mit ihnen zusammengespann=
ten Pferde, die drückendsten Strapatzen in einem so

résister aux fatigues les plus accablantes; les uns ont succombé, d'autres se sont déformés. A quoi attribuer cette fin ou cette difformité prématurées? ne sont-elles pas la suite ou l'effet de l'imprudence ou de l'incurie du propriétaire?

Ces faits péremptoires tout le monde les peut facilement vérifier, car il se trouve des productions de Fulfort en assez grand nombre dans nos cantons principaux. Je ne me bornerai pas à celles de cet étalon de pur sang; j'appellerai encore l'attention sur les rejetons d'*Étourneau*, *Trompeur*, *Arabe*, *Dénommé*, *Baldonin*, *Inconnu*, *Solitaire*, *Grand Hongrois*, *Grand Alsace* et *Grand Asiatique*. Ces dix producteurs ne sont point de race pure; mais, issus d'étalons de sang, ils ont donné des rejetons qui ont fait leur preuve; la plupart de ceux-ci, quoique soumis aux travaux les plus fatigans, sont parvenus au-delà de 20 ans sans cesser d'être, sous tous les rapports, les meilleurs chevaux du pays. Et que l'on ne prétende pas que ce n'étaient que des chevaux de selle; forte et robuste, leur organisation les rendait également propres à tous les services. Nos éleveurs les plus notables m'ont souvent répété: « Nous n'avons jamais connu de chevaux dont l'entretien fût aussi peu dispendieux et qui rendissent autant. » Que l'on consulte pour plus amples renseignemens le chapitre 3 de la première partie de mon mémoire sur l'amélioration des chevaux en Alsace, publié en 1822, et l'on sera à même d'apprécier le bien que ces étalons régénérateurs ont fait en Alsace.

Il n'est pas aujourd'hui un cultivateur alsacien

zarten Alter nicht aushalten: die einen unterlagen, die anderen wurden verunstaltet. Wem ist wohl dieser frühe Tod oder diese Verunstaltung zuzuschreiben? Wem anders, als der Unklugheit oder Sorglosigkeit des Eigenthümers.

Von diesen Thatsachen kann sich jedermann leicht selbst überzeugen, denn es befinden sich ziemlich viel Abkömmlinge des Fulfort in unseren Hauptcantonen. Ich will mich aber nicht bloß auf die beschränken, welche von diesem Hengste unvermischten Geblüts ausgefallen sind; sondern ich will auch noch auf die Abkömmlinge von Étourneau, Trompeur, Arabe, Dénommé, Baldonin, Inconnu, Solitaire, Grand Hongrois, Grand Alsace und Grand Asiatique aufmerksam machen. Diese zehn Hengste sind nicht von reiner Abkunft, aber von Hengsten unvermischten Geblüts ausgefallen; ihre Abkömmlinge haben dieß bewiesen: die meisten derselben, obgleich zu den härtesten Arbeiten angehalten, sind über zwanzig Jahre alt geworden, ohne daß sie aufgehört hätten, in jeder Hinsicht die besten Pferde im Land zu seyn, und man kann nicht sagen, daß es bloß Reitpferde waren; stark und kräftig, waren sie vermöge ihres Baues zu jedem Gebrauch tauglich. Unsere vorzüglichsten Eigenthümer die sich mit der Pferdezucht abgeben, haben mir oft wiederholt: Nie haben wir Pferde gekannt, deren Unterhalt so wenig kostete und die so viel leisteten. Weitläufigere Nachweisungen findet man im 3ten Kapitel vom ersten Theile meines Aufsatzes über die Verbesserung der Pferdezucht im Elsaß, welcher im Jahr 1822 erschien, und man wird schätzen lernen, was diese Hengste zur Veredlung der Zucht im Elsaß beigetragen haben.

Heutzutage ist jeder elsasser Ackersmann, der sein

vraiment éclairé, qui ne soit convaincu que l'éducation du cheval commun est ruineuse dans ce pays, où les grains et les fourrages sont toujours à un prix trop élevé pour les prodiguer; parce que le cheval dégénéré consomme bien davantage, qu'il est beaucoup plus lent aux travaux, que sa durée est encore beaucoup moins longue. L'empressement que ces cultivateurs entendus mettent aujourd'hui à rechercher nos étalons de sang, confirme parfaitement cette vérité de fait. Malgré la pénurie de fourrages qui se fait sentir si vivement depuis cinq ans, nos étalons saillissent annuellement 46 à 50 jumens chacun au terme moyen. Jamais ils ne furent plus recherchés que pendant la monte dernière; autrefois le nombre des poulinières saillies chaque année par chacun de ces animaux n'excédait pas 30 à 35 : cela n'est-il pas bien concluant?

Je suis loin de penser que l'étalon de pur sang puisse réussir avec toutes nos poulinières; je ne doute nullement, au contraire, qu'accouplé avec des jumens grêles, décousues ou trop communes, il n'en résulte des produits laissant beaucoup à désirer. Mais, je le répète, il donne constamment d'excellens chevaux (lorsque leur éducation n'est pas négligée) avec ces bonnes poulinières vigoureuses, étoffées, d'une construction forte, et dont toutes les parties sont en harmonie. Ces résultats de demi-sang sont d'autant plus préférables qu'ils réunissent force, vigueur et sobriété; qu'ils parviennent à un bien plus grand âge que les chevaux communs; qu'ils conservent leurs rares qualités jusqu'à la fin de leur carrière; qu'enfin ceux propres à la reproduction en sont ordinairement les plus utiles élémens.

Interesse recht kennt, überzeugt, daß das Aufziehen des gemeinen Pferdes in diesem Lande, wo das Futter immer in zu hohem Preise steht, um es zu verschwenden, verderblich ist; weil das entartete Pferd weit mehr Futter braucht; weil es viel langsamer in der Arbeit und sein Leben viel kürzer ist. Der Eifer mit welchem jene einsichtsvollen Ackersleute jetzt unsere Hengste unvermischten Geblüts suchen, bestätiget diese Wahrheit vollkommen. Ungeachtet des Futtermangels, der sich seit fünf Jahren so lebhaft fühlen läßt, beschält ein jeder unserer Hengste, nach dem mittlern Anschlag, jährlich 46 bis 50 Stuten. Nie aber wurden sie mehr gesucht, als voriges Jahr; ehemals beschälte keines dieser Thiere jährlich über 30 bis 35 Stuten. Ist dieß nicht ein klarer Beweis des Gesagten?

Ich bin weit entfernt zu glauben, daß der Hengst von reiner Abkunft mit allen unseren Stuten gute Füllen zeugen könne; ich glaube im Gegentheil, daß, wenn er hagere, ungestaltete oder zu gemeine Stuten beschält, Füllen daraus entstehen, die viel zu wünschen übrig lassen. Ich wiederhole es aber, mit jenen kräftigen, kernhaften Stuten, von starkem Körperbaue, deren Theile alle im Ebenmaße sind, wird er beständig vortreffliche Pferde liefern, wenn ihre Erziehung nicht vernachläßiget wird. Diese Abkömmlinge von halbreinem Blute sind um so mehr vorzuziehen, da sie mit Stärke Genügsamkeit verbinden, da sie viel länger leben als die gemeinen Pferde, da sie ihre seltenen Eigenschaften bis an ihr Lebensende behalten, da, ferner, die zur Nachzucht tauglichen Thiere die nützlichsten Elemente derselben sind.

§. II. *Avantages de l'éducation domestique; — divers abus; — moyens de les prévenir ou d'y remédier.*

Après avoir rappelé que l'étalon de pur sang est le plus puissant des régénérateurs, il convient d'examiner s'il est constant que, dans nos climats, on puisse élever à l'écurie, je ne dirai pas d'aussi bons, mais de meilleurs chevaux qu'au pâturage.

Cette question n'est point un problème; la solution en a été donnée par l'expérience d'une manière affirmative. Cependant il est encore des personnes qui semblent vouloir révoquer le fait en doute. C'est pour les pénétrer de son exactitude que je vais rappeler les succès des nombreux essais tentés à cet égard. J'atteindrai le but, je l'espère, si de leur part il y a sincérité, désir de connaître la vérité.

Je pourrais m'arrêter à l'exemple que nous offre l'Angleterre depuis plus d'un siècle. En effet, personne n'ignore que le cheval de pur sang anglais est élevé à l'écurie; tout le monde sait également que l'on ne trouve pas en Europe de chevaux supérieurs à ceux de la Grande-Bretagne, sous le rapport de la force musculaire, de la vélocité, de la vigueur.

Est-ce assez catégorique, assez positif, assez concluant? Que faudrait-il de plus pour convaincre de l'avantage de ce mode d'éducation que j'appellerai domestique? Mais pour mettre les plus incrédules, ceux qui n'ont confiance qu'en ce qui se passe autour d'eux, dans la nécessité de mieux apprécier

§. II. **Vortheile, die Füllen im Stalle aufzuziehen; — verschiedene Mißbräuche; — Mittel ihnen vorzubeugen oder abzuhelfen.**

Nachdem ich gezeigt habe, daß der Hengst von unvermischtem Geblüt das beste Mittel zur Veredlung der Art ist, muß nun untersucht werden, ob es ausgemacht ist, daß man in unserm Klima im Stalle, ich will nicht sagen eben so gute, aber wohl bessere Pferde aufziehen kann, als auf der Weide.

Diese Frage ist nicht zweifelhaft, die Erfahrung hat sie bejahend gelöset; indessen giebt es doch noch Leute, welche die Thatsache scheinen bezweifeln zu wollen. Um diese von der Gewißheit derselben zu überzeugen, will ich die schönen Erfolge der zahlreichen Versuche hier anführen, welche in dieser Hinsicht sind angestellt worden. Ich hoffe meinen Zweck zu erreichen, wenn ihrerseits sie aufrichtig wünschen die Wahrheit zu kennen.

Ich könnte bei dem Beispiel stehen bleiben, welches uns schon über ein Jahrhundert England darbietet. In der That, niemanden ist wohl unbekannt, daß das englische Pferd von unvermischtem Geblüt im Stalle aufgezogen wird; jedermann weiß auch, daß man in ganz Europa keine Pferde findet, die in Ansehung der Muskelstärke, der Schnelligkeit und Kraft den englischen vorzuziehen wären.

Ist dieß nicht entscheidend, bestimmt, triftig genug? was bedürfte es weiter noch, um von dem Vortheil des Aufziehens im Stall zu überzeugen? Um aber die Unglaubigsten, diejenigen welche nur dem vertrauen, was sie um sich her sehen, in die Nothwendigkeit zu versetzen, diese Methode zu schätzen, will ich noch einige

cette méthode, j'ajouterai quelques explications, quelques preuves, qui détruiront complétement toute prévention, toute espèce d'incertitude à ce sujet.

La multitude de spectateurs des courses qui ont eu lieu depuis quinze ans à Strasbourg ou à Nancy, et le grand nombre de personnes qui ont pris connaissance de la relation qui en est publiée chaque année, n'ignorent pas que les chevaux de M. Husson de Haussonville (Meurthe), ont fait preuve de beaucoup de force, de vigueur et de vîtesse. Tous les ans ils ont remporté des prix; les succès des chevaux de cet éleveur distingué sur les hippodromes de Strasbourg, de Nancy et de Paris, la réputation si justement méritée des nombreux chevaux d'escadrou qu'il a élevés chez lui, le placent au rang des premiers éleveurs de la vaste circonscription des courses de Nancy. Cependant tous les chevaux de M. Husson ont été et continuent d'être élevés à l'écurie.

Nous pourrions nous dispenser d'aller chercher, dans la Meurthe, des exemples propres à faire apprécier l'éducation domestique, nous avons dans ce département de ces faits auxquels l'homme de bonne foi ne peut résister.

Il n'est pas, certes, une commune dans le Bas-Rhin, où les travaux soient plus pénibles et où les habitans soient plus laborieux, plus exigeans qu'à *Wolfskirchen*. Cependant il y existe encore deux chevaux entiers, l'un né en 1817, et l'autre en 1818, tous deux fils de *Grand Alsace*. Ils appartiennent à MM. *Quirin* et *Schlosser*; élevés chez ces propriétaires, ils ont constamment été livrés aux exercices les plus fatigans (à la charrue, à la voiture et à la

Erklärungen, einige Beweise beifügen, welche jedes Vorurtheil, jeden Zweifel in dieser Hinsicht benehmen werden.

Der Menge von Zuschauern bei den Pferderennen welche seit fünfzehn Jahren zu Straßburg oder zu Nanzig Statt fanden, und den vielen Personen welche die Erzählung gelesen haben, die jedes Jahr über dieselben bekannt gemacht wird, ist wohl nicht unbekannt, daß die Pferde des Hrn. Husson, von Haussonville (Murthe-Departement), viel Stärke und Schnelligkeit gezeigt haben. Alle Jahre haben sie Preise erhalten: die guten Erfolge der Pferde dieses ausgezeichneten Erziehers auf den Rennbahnen von Straßburg, von Nanzig und von Paris; der so wohlverdiente Ruf der Escadrons-Pferde die er aufgezogen hat, geben ihm eine Stelle unter den ersten Pferde-Erziehern des weitläufigen Nanziger Wettrenn-Bezirks. Und doch sind alle Pferde des Hrn. Husson im Stall aufgezogen worden und werden noch darin aufgezogen.

Wir hätten nicht nothwendig gehabt im Murthe-Departement Beispiele zu suchen, um das Aufziehen der Füllen im Stalle anzurühmen; wir haben in diesem Departemente dergleichen Thatsachen, die der aufrichtige Mann nicht in Abrede stellen kann.

Im ganzen Nieder-Rhein giebt es gewiß keine Gemeinde wo die Arbeiten mühsamer und die Einwohner fleißiger sind, und mehr geleistet haben wollen, als in Wolfskirchen. Jedoch befinden sich daselbst noch zwei Hengste, der eine von 1817 und der andere von 1818, die beide Abkömmlinge des Grand Alsace sind. Sie gehören den HHrn. Quirin und Schlosser: bei diesen Eigenthümern aufgezogen, sind sie beständig zu den schwersten Arbeiten gebraucht worden (an den Pflug,

selle). Tous deux ont brillé sur l'hippodrome de Strasbourg, ils y ont non-seulement remporté des prix,
mais encore le cheval du premier a gagné un pari
à son propriétaire, en franchissant cinq fois le tour
de l'hippodrome (10 kilomètres) en 12 minutes.
Cette vîtesse extraordinaire est d'autant plus remarquable que ce cheval, âgé alors de cinq ans, n'avait
pas été entraîné, et qu'il portait M. Quirin fils, dont
le poids peut être évalué à près du double de celui
fixé pour les chevaux de l'âge de celui-ci. Que n'a-t-
on pas exigé également du cheval gris-pommelé de
M. *Michel Diemer,* de Berstett, fils de *Baldonin,* également vainqueur dans plusieurs luttes aux courses de
Strasbourg ? Est-il un cheval de pacage qui aurait
pu résister à autant de secousses, qui aurait pu faire
preuve d'autant de force, d'énergie et de courage,
sans cesser d'être vigoureux, agile et dispos?

Je pourrais citer une infinité d'exemples en faveur
des avantages qu'offre l'éducation domestique; mais
en dire plus me paraît entièrement superflu* : les
faits cités ci-dessus sont trop matériels, trop pal-
pables, pour ne pas entraîner conviction.

Il ne faut, à l'homme vraiment entendu, qu'y
penser pour en être imbu, pour en être pénétré.
Qui ne sait que les grains employés à la nourriture
des chevaux, l'avoine, l'orge, la féverole, contien-
nent infiniment plus de sucs nutritifs que les meil-
leures herbes; que les chevaux abandonnés dans
les pacages sont ordinairement privés de ces grains,

---

* J'ai pris pour exemples des chevaux entiers, afin que l'on ne
puisse se dissimuler que ces chevaux n'ont fréquenté ni pâturage,
ni pacage.

zum Fahren und zum Reiten). Beide haben sich auf der Straßburger Rennbahn ausgezeichnet; sie haben daselbst nicht allein Preise davongetragen, sondern der Hengst des erstern hat seinem Eigenthümer auch noch eine Wette gewonnen, indem er in 12 Minuten fünfmal die Renn=bahn (10 Kilometer) durchlief. Diese außerordentliche Schnelligkeit ist um so bemerkenswerther, da dieses da=mals fünfjährige Thier sich nicht hatte hinreißen lassen, und da es den Sohn des Hrn. Quirin trug, dessen Schwere ungefähr auf das Doppelte des Gewichtes angeschlagen werden kann, welches für die Pferde von diesem Alter festgesetzt ist. Was hat man nicht auch von dem Apfel=schimmel des Hrn. Michael Diemer, von Verstett, einem Abkömmling von Baldonin, verlangt, welcher bei mehreren Wettrennen zu Straßburg ebenfalls den Preis davon getragen hat? Hätte wohl ein auf der Weide aufgezogenes Pferd so viel leisten, Beweise von solcher Stärke, Kraftfülle und Muth geben können, ohne daß es aufgehört hätte kraftvoll, flink und munter zu seyn?

Ich könnte noch eine Menge Beispiele zum Beweis der Vortheile anführen, welche das Aufziehen der Fül=len im Stalle darbietet; allein, mehr zu sagen scheint mir ganz überflüssig zu seyn*: die oben erwähnten That=sachen sind zu offenbar, zu handgreiflich, als daß sie nicht überzeugen sollten.

Der wirklich einsichtsvolle Mann braucht nur daran zu denken, um davon eingenommen und durchdrungen zu werden. Wem ist wohl unbekannt, daß die Früchte

---

* Ich habe Hengste zu Beispielen genommen, damit man es sich nicht verbergen könne, daß diese Pferde nicht auf der Weide sind auf=gezogen worden.

tandis que ceux de nos bons éleveurs en reçoivent à chaque repas? Est-il nécessaire d'ajouter que de tous l'avoine est le plus favorable à la nourriture du poulain*? Il en résulte naturellement que les muscles de ceux-ci ont plus de rigidité, plus de puissance, que ceux des chevaux de pacage, dont la fibre est presque toujours lâche, molle, sans énergie. Mais il est encore nécessaire, indispensable, que les locaux occupés par les animaux recevant une éducation domestique, soient sains. On se rappellera que les conditions essentielles d'une écurie de cultivateur sont une élévation de 9 à 12 pieds; que celles de deux à quatre chevaux doivent avoir au moins deux ouvertures extérieures, et celles de cinq à huit chevaux en avoir le double; que ces ouvertures présentent un vide d'environ deux pieds et demi de hauteur sur un pied et demi de largeur; qu'elles soient placées à quelques pouces du plancher, opposées l'une à l'autre, autant que les localités le permettent, c'est-à-dire, que si l'une est au levant, l'autre sera au couchant, ou que si l'une est posée au midi, l'autre le sera au nord; qu'enfin ces ou-

---

* « Le grain est nécessaire au poulain pour l'aider dans sa croissance rapide, et faire développer les qualités que l'on en exige. Il faut s'y prendre de bonne heure, pour créer en lui cette valeur intrinsèque qui prend sa source dans une alimentation assez substantielle, pour répartir également la vigueur à tous ses organes; c'est par là qu'on fortifie le nerf, le muscle, et qu'on aide aux opérations tardives de l'ossification. La dentition et le jet des gourmes en deviennent moins laborieux et moins sujets aux chances désastreuses qui se remarquent particulièrement chez les chevaux débiles. » (*Bulletin hebdomadaire du Journal des haras,* 22 février 1835.)

welche zur Pferdefütterung gebraucht werden, als:
Hafer, Gerste, Bohnen, unweit mehr Nährstoff ent=
halten, als das beste Gras? daß die auf der Weide ge=
henden Pferde dieses Futters gewöhnlich beraubt sind,
während die unserer guten Erzieher dessen bei jeder
Mahlzeit erhalten? Ist es wohl nöthig beizufügen,
daß von allen Früchten der Hafer zur Fütterung des
Füllens am besten ist *? Hieraus folgt ganz natürlich,
daß die Muskeln der auf solche Weise genährten Pferde
viel fester und kraftvoller sind, als jene der Weid=
pferde, deren Fiber fast immer schlaff, weich und kraft=
los ist. Aber es ist auch durchaus nöthig, daß die Ställe
in welchen die jungen Thiere aufgezogen werden, ge=
sund seyen. Man wird sich erinnern, daß die Haupt-
bedingungen für einen Pferdestall auf dem Land fol-
gende sind: er soll neun bis zwölf Schuh hoch seyn;
der für zwei oder vier Pferde muß wenigstens zwei
äußere Oeffnungen haben, und doppelt so viel müssen
die Ställe für fünf bis acht Pferde haben; diese Oeffnungen sollen ungefähr dritthalb Schuh hoch und anderthalb Schuh breit seyn; sie müssen einige Zoll weit
von der Decke angebracht werden, eine der andern

---

* „ Das Getreidefutter ist dem Füllen nothwendig, um es bei seinem
schnellen Aufwachsen zu stärken und die Entwicklung der Eigenschaften
zu bewirken, welche man von ihnen fordert. Man muß es ihm frühe
geben, um in ihm jenen innern Werth hervorzubringen, welcher seinen
Ursprung in einer kräftigen Nahrung hat, um die Kraft in alle seine
Glieder gleichmäßig zu vertheilen; dadurch stärkt man den Nerv, die
Muskel, und befördert das langsame Geschäft der Verknöcherung. Das
Zahnen und das Abwerfen der Drüsen (Strengeln) gehen besser von
Statten und sind weniger den Unfällen unterworfen, welche insonder-
heit an den schwachen Pferden bemerkt werden. “ (Bulletin hebdoma-
daire du Journal des haras, 22 Février 1835.)

vertures soient vitrées de manière à bien éclairer l'écurie.

On se rappellera également qu'il n'est rien de plus utile à la salubrite du local que l'existence d'un ventilateur ou cheminée aspirante *. (Voir les explications données sur l'utilité de cette machine en la notice insérée dans l'Annuaire du Bas-Rhin de 1833, page 194.)

On n'oubliera pas que le sol de l'écurie doit, même dans sa partie la plus basse, dominer le sol extérieur, être plus élevé encore vers le râtelier, et présenter une pente unie, bien favorable à l'écoulement des eaux : cette inclinaison toutefois ne doit être rigoureusement que de deux lignes par pied, ou un pouce et demi sur toute l'étendue qu'un cheval peut occuper dans une écurie (9 pieds) : sur un sol ainsi disposé, l'animal se repose, tandis que si la superficie du sol n'est pas entièrement unie, si

---

* Dans les divers écrits où j'ai indiqué les dimensions de ces cheminées en planches, il est dit que le diamètre de l'orifice inférieur sera double de celui de la partie supérieure : de nouvelles expériences, dues à l'obligeance de M. *Thiébert*, architecte de la ville de Nancy, ont démontré que le tirage est beaucoup plus fort, beaucoup plus satisfaisant, lorsque l'orifice inférieur est quadruple de celui de l'autre extrémité. Pour une écurie de quatre chevaux, par exemple, il suffit que la partie du haut de la cheminée ait six pouces, mais il est nécessaire que le diamètre du bas soit au moins de deux pieds.

On ne perdra pas de vue que cette machine doit être placée derrière les chevaux, dans la partie opposée à la porte ou aux principales ouvertures.

gegenüber, in so weit die Bauverhältnisse es erlauben, das heißt, wenn die eine gegen Osten ist, so muß die andere gegen Westen seyn, oder wenn die eine gegen Süden ist, so muß die andere gegen Norden seyn: diese Oeffnungen müssen mit Glasfenstern versehen werden, um den Stall recht zu erhellen.

Man wird sich auch erinnern, daß nichts besser ist, um gesunde Luft in einem Stalle zu erhalten, als wenn man einen Windfang oder ein Breter = Kamin in demselben anbringt*. (Man sehe die Erklärungen nach, welche in einer Notiz, die im Annuär vom Nieder-Rhein, vom Jahr 1833, Seite 120, steht, ertheilt sind.)

Man darf nicht vergessen, daß sogar der niedrigste Theil des Stallbodens höher liegen muß, als der äußere Boden, und daß er gegen die Raufe hin noch etwas höher seyn und einen ebenen Abhang bilden muß, um das Ablaufen des Wassers zu befördern; jedoch soll dieser Abhang auf den Schuh höchstens nur zwei Linien betragen, oder anderthalb Zoll auf den ganzen Raum (9 Schuh), den ein Pferd in einem Stalle einnehmen kann. Auf einem solchergestalt eingerichteten Boden ruht das Thier; ist aber der Boden nicht durch=

---

* In den verschiedenen Schriften, in welchen ich das Maß dieser Breter=Kamine angegeben habe, ist gesagt worden, daß die untere Oeffnung doppelt so weit seyn muß, als die obere. Neue Versuche, welche man der Gefälligkeit des Hrn. Thiebert, Baumeisters der Stadt Nanzig, zu verdanken hat, haben bewiesen, daß der Luftzug viel stärker, viel befriedigender ist, wenn die untere Oeffnung viermal die Weite der obern beträgt. Für einen Stall von vier Pferden, zum Beispiel, ist es genug wenn der obere Theil eines solchen Kamins sechs Zoll weit ist, aber unten muß es wenigstens zwei Schuh im Durchmesser haben.

Man muß nicht vergessen, daß ein solcher Windfang hinter den Pferden in demjenigen Theile des Stalles angebracht werden muß, welcher der Thüre oder den Hauptöffnungen entgegengesetzt ist.

la pente est trop sensible, le cheval perd son aplomb, se fatigue, se ruine dans l'inaction.

J'ai visité dernièrement un fils de *Déterminé*, âgé de quatre ans, qui a été élevé dans une écurie parfaitement aérée, où est établi un ventilateur; mais le sol était mal disposé : il y avait en avant de la mangeoire une sorte de seuil, une élévation de 5 à 6 pouces environ, ménagée à dessein pour l'appui des pieds de devant; cette position donnait au corps une inclinaison telle que les membres postérieurs se trouvaient surchargés de plus des deux tiers du poids du corps.

Il est résulté du mauvais état du sol de cette écurie, que des callosités se sont montrées sur les genoux de ce jeune cheval; que les membres antérieurs ne sont point en harmonie avec ceux de derrière; que les extrémités de devant n'ont point acquis le développement ni la force nécessaires; que les aplombs ont été sensiblement faussés.

Ce cheval, très-bien d'ailleurs, aurait valu un assez grand prix, si le sol de l'écurie avait été convenablement disposé : il a perdu plus de la moitié de sa valeur, en raison des imperfections qui sont la suite du mauvais état du local où il a constamment été logé.

Le propriétaire s'est frustré sur le prix de ce seul cheval d'une somme de plus de 600 fr., et cela uniquement pour avoir négligé une disposition qui n'aurait pas coûté un centime, et qui n'aurait exigé que quelques heures de travail.

Je citerai encore un bel étalon fort, vigoureux et

aus eben oder zu sehr abhängig, so verliert das Pferd seine gerade Stellung, wird müde, und geht in der Unthätigkeit zu Grunde.

Ich habe unlängst einen Abkömmling des Déterminé besucht, welcher vierjährig und in einem vollkommen gesunden Stalle aufgezogen worden ist, in welchem sich ein Windfang befindet; aber der Boden war schlecht eingerichtet: vor der Krippe befand sich eine Art Schwelle, eine Erhöhung von ungefähr 5 oder 6 Zoll, welche absichtlich war angebracht worden, damit das Pferd die Vorderfüße darauf stellen könne. Diese Stellung gab dem Körper eine solche Schiefe, daß die Hinterbeine über die zwei Drittel der Schwere des Körpers zu tragen hatten.

Die Folge der schlechten Einrichtung des Bodens dieses Stalles war, daß sich an den Knieen dieses jungen Pferdes Schwielen gezeigt haben, daß die Vorderfüße mit den Hinterfüßen nicht im Ebenmaße sind, daß die ersteren die gehörige Entwicklung und Kraft nicht erlangt haben, daß die gerade Stellung merklich ist verdorben worden.

Dieses übrigens sehr gute Pferd hätte einen ziemlich hohen Werth gehabt, wenn der Boden des Stalls wäre gehörig eingerichtet gewesen; es hat über die Hälfte von seinem Werth durch die Unvollkommenheiten verloren, welche die Folgen des schlechten Zustands des Stalles waren, in dem es sich stets befand.

Der Eigenthümer hat an diesem einzigen Pferd über 600 Francs verloren, und zwar bloß darum, weil er vernachläßiget hatte in seinem Stalle eine Einrichtung zu machen, die keinen Centime gekostet und nur einige Stunden Zeit erfordert hätte.

Ich will hier noch einen schönen, starken und äußerst

très-agile, qui, par son ardeur extraordinaire, ayant contracté la funeste habitude de piaffer avec violence, creusait ainsi le sol de l'écurie. Le propriétaire, au lieu de distraire son cheval par l'exercice, se borna, pour prévenir cet inconvénient, à placer des madriers sous ses pieds de devant, et négligea même d'entretenir la souplesse de la corne par l'application de corps gras. Il en est résulté que cette partie des extrémités s'est desséchée, est devenue cassante, et s'est divisée en plusieurs endroits dans sa hauteur : cet accident a provoqué une claudication incurable.

Cet étalon, d'un grand prix, qui aurait pu être admis dans les haras, est devenu défectueux comme reproducteur.

Il est malheureusement encore un grand nombre d'écuries dont le sol n'est pas mieux disposé, et où les animaux s'usent, se déforment et perdent ainsi tous les jours de leur beauté et de leurs moyens.

Nos éleveurs entendus font enlever maintenant les fumiers tous les jours, et chaque fois qu'on les évacue, l'écurie est parfaitement nettoyée.

On se rappellera également que les fumiers des cultivateurs éclairés sont placés dans un endroit enfoncé, ils reçoivent les égouts des écuries, et à la distance qui les en sépare, ils ne peuvent plus nuire à leur salubrité.

On n'oubliera pas non plus que les cours des éleveurs soigneux sont bien tenues dans toutes les saisons; tous les objets ou instrumens aratoires, comme chars, charrues, herses, etc., sont placés sous un hangar ou remise, de manière qu'ils ne présentent aucun obstacle aux jeunes poulains.

flinken Hengst anführen, welcher durch sein außeror=
dentliches Feuer die schlimme Gewohnheit angenom=
men hatte, heftig zu trippeln, und somit den Boden
des Stalles aufzuscharren. Der Eigenthümer, statt
sein Pferd durch die Bewegung zu zerstreuen, begnügte
sich damit, um jenes Trippeln zu verhindern, ihm
starke Dielen unter die Vorderfüße zu legen, und ver=
säumte sogar, das Horn, durch Schmieren mit fetten
Substanzen, geschmeidig zu erhalten. Die Folge da=
von war, daß das Horn vertrocknete, spröd wurde,
und an mehreren Orten der Länge nach Spalten bekam:
dieser Umstand veranlaßte ein unheilbares Hinken.

Dieser Hengst, von hohem Werthe, welcher hätte
können in die Stutereien aufgenommen werden, ist zum
Beschäldienst unzuläßig geworden.

Leider giebt es noch viele Ställe wo der Boden nicht
besser eingerichtet ist, und wo die Pferde abnehmen,
verunstaltet werden, und auf solche Weise jeden Tag
von ihrer Schönheit und von ihren Fähigkeiten verlieren.

Unsere verständigen Pferde=Erzieher lassen jetzt alle
Tage den Mist aus dem Stalle schaffen, und jedesmal
wenn dieß geschieht, wird der Stall vollkommen ge=
säubert.

Man wird sich auch erinnern, daß die aufgeklärten
Ackersleute den Mist an getiefte Orte legen lassen, nach
welchen das Wasser aus den Ställen abfließt, und in
solcher Entfernung von denselben, daß sie ihrer ge=
sunden Luft nicht schaden können.

Auch darf man nicht vergessen, daß die Höfe der
sorglichen Pferde=Erzieher zu allen Zeiten des Jahrs
gut gehalten sind; alles Ackerbau=Geräthe, als Wagen,
Pflüge, Eggen, und dergleichen, stehen unter einem
Schoppen, so daß die jungen Füllen keinen Schaden
an denselben nehmen können.

Nos cultivateurs habiles exposent les poulains de divers âges au grand air pendant des jours entiers, soit dans une cour fermée, soit dans un champ clos ou jardin, où il y a toujours un abreuvoir; il est d'usage, chez la plupart, de laisser ces jeunes animaux en liberté, et de leur abandonner, à cet effet, durant la première année, l'écurie et la cour *; pendant la deuxième année ils les conduisent en couple à la charrue, et dans la troisième, ils les livrent, mais avec modération, aux travaux des champs : c'est là l'éducation qu'ont reçue les chevaux précités, appartenant aux sieurs George Quirin, George Schlosser et Michel Diemer.

Les moyens extraordinaires de ces trois chevaux entiers confirment encore les bons résultats que l'on a droit d'attendre des descendans des chevaux de sang et de leur supériorité sur les chevaux communs.

Je réitérerai, en terminant cet article, ce que nos cultivateurs entendus ont expérimenté, que, pour obtenir les meilleurs chevaux, il faut qu'ils jouissent constamment et dès leur naissance d'un air sain; qu'ils aient une nourriture substantielle, salubre, convenablement administrée **, pour suffire

---

* Cette cour est ordinairement assez spacieuse; chez nos cultivateurs entendus les fumiers, placés au centre, en occupent la plus grande partie, et l'on pratique autour une piste assez large en gravier, où les jeunes animaux prennent leurs ébats. C'est une sorte de manége où ils acquièrent autant de force et d'agilité que de souplesse.

** Une notice que j'ai publiée en 1832, et qui est insérée dans l'Annuaire du Bas-Rhin de 1834, page 217, appelle l'attention des cultivateurs sur les avantages qu'offrent la culture des fourrages artificiels et les mélanges de paille avec ces fourrages.

Unsere erfahrnen Ackersleute lassen die Füllen von verschiedenem Alter ganze Tage lang, entweder in einem geschlossenen Hof, oder in einem eingezäunten Feld oder Garten, woselbst sich immer eine Tränke befindet, frei umherlaufen; bei den meisten ist es üblich, diese jungen Thiere im ersten Jahre nicht anzubinden, und ihnen während dieser Zeit den Stall und den Hof * zu überlassen; im zweiten Jahre werden sie an einen Riemen neben der Mutter am Pflug geführt, und im dritten werden sie, aber mit Mäßigung, zu den Feldarbeiten gebraucht. So sind die oben erwähnten Pferde der HHrn. Georg Quirin, Georg Schlosser und Michael Diemer aufgezogen worden.

Die außerordentlichen Eigenschaften dieser drei Pferde bestätigen noch die guten Resultate, welche man berechtigt ist von den Abkömmlingen von Hengsten unvermischter Art und von ihren Vorzügen vor den gemeinen Pferden zu erwarten.

Indem ich diesen Artikel schließe, will ich wiederholen was unsere verständigen Ackersleute versucht haben, um die schönsten Pferde zu erhalten : nämlich sie müssen von ihrer Geburt an beständig einer gesunden Luft genießen; sie müssen ein nahrhaftes, gesundes und zu gehöriger Zeit gegebenes Futter** erhalten, das zur

---

* Dieser Hof ist gewöhnlich weitläufig genug : bei unsern sachverständigen Ackersleuten nimmt der Misthaufen den größten Theil desselben ein, und um diesen her geht eine Art Weg, ziemlich breit und mit Kies beschüttet, wo die jungen Thiere ihre Sprünge machen. Dieß ist eine Art Reitbahn, wo sie eben so viel Stärke und Behendigkeit, als Gelenkigkeit erlangen.

** In einer neuen Notiz, welche ich im Jahr 1832 bekannt gemacht habe, und die im Annuär des Nieder-Rheins von 1834, Seite 221, steht, habe ich die Ackersleute auf die Vortheile aufmerksam gemacht, welche das Pflanzen der Futterkräuter und die Vermischung derselben mit Stroh darbieten.

au développement des formes et des moyens des jeunes animaux, et entretenir en bon état ceux parvenus à l'âge fait; que l'exercice auquel on les soumet soit toujours en harmonie avec leur âge et leurs forces, en d'autres termes, en rapport avec leurs besoins; car le travail, comme la bonne nourriture et l'air sain, est un fortifiant sans lequel l'animal n'acquiert ni force, ni vigueur, ni souplesse.

§. III. *Accouplement prématuré.*

Il me semble avoir suffisamment démontré l'utilité du cheval de sang, l'avantage de l'éducation domestique, quand toutefois on ne déroge point aux règles de l'hygiène, et particulièrement lorsque l'on apprécie le bienfait d'un air pur, d'une nourriture saine et bien administrée, d'un exercice modéré. Pour ne laisser aucun doute sur ces points essentiels, et pour atteindre le but que je me suis proposé, il est encore nécessaire de signaler l'écart le plus nuisible au perfectionnement, la cause de destruction la plus puissante, celle qui anéantit le plus promptement les qualités les plus recherchées, les plus estimées, les plus utiles, en un mot, de toutes les espèces; cause à laquelle ne résistent même pas les races qui commandent le plus la confiance et par leurs formes et par leur origine.

Cet abus funeste est de livrer à la reproduction le poulain ou la pouliche avant l'entier développement des formes, des moyens ou des facultés; c'est-à-dire avant quatre ans faits pour les étalons et jumens de ce pays. Il est encore indispensable de ne

Entwicklung der Gestalt und der Fähigkeiten der jun=
gen Thiere hinreichend ist, und die welche über drei
Jahre alt sind, in gutem Stand erhält; die Arbeit zu
welcher man sie gebraucht, muß immer ihrem Alter
und ihren Kräften angemessen seyn, das heißt, im
Verhältniß mit ihren Bedürfnissen; denn die Arbeit,
eben sowohl als das gute Futter und die gesunde Luft,
ist ein Stärkungsmittel, ohne welches das Thier weder
Kraft noch Gelenkigkeit erlangt.

§. III. Zu frühzeitige Begattung.

Ich glaube den Nutzen des Hengstes unvermischter
Art, den Vortheil die Füllen im Stalle aufzuziehen,
mit Beobachtung aber der Regeln der Gesundheitslehre,
und insonderheit wenn man den Vortheil einer reinen
Luft, einer gesunden und zu gehöriger Zeit gegebenen
Nahrung und einer mäßigen Bewegung würdiget, ge=
nugsam bewiesen zu haben. Um aber keinen Zweifel
über diese wichtigen Punkte übrig zu lassen, und um
den mir vorgesetzten Zweck zu erreichen, ist es noch
nothwendig hier den Fehler anzuzeigen, welcher die
Vervollkommnung am meisten hindert, welcher die
mächtigste Ursache des Verderbens, welches diejenige
ist, die am schnellsten die gesuchtesten, die geschätztesten,
die nützlichsten Eigenschaften aller Pferdearten vernich=
tet; eine Ursache welcher sogar diejenigen Arten nicht
zu widerstehen vermögen, die ihrer Gestalt und Abkunft
wegen das größte Zutrauen fordern.

Dieser traurige Mißbrauch besteht darin, daß man
die Füllen ehe sich ihre Gestalt und ihre Fähig=
keiten ganz entwickelt haben, das heißt, ehe sie vier
Jahre alt sind, springen läßt; auch darf den jungen

permettre aux jeunes étalons de quatre ans que deux ou trois saillies par semaine; ce n'est qu'à six ans révolus que l'on peut laisser saillir, les plus heureusement constitués, tous les jours de la saison de la monte.

Il n'est pas d'animal domestique qui puisse impunément déroger à cette règle prescrite par la nanature : dès qu'il s'en écarte, il nuit à sa santé; et ses rejetons sont encore plus ou moins débiles, selon qu'il est plus ou moins éloigné du terme de son développement.

Que l'on ne croie pas qu'un poulain accouplé avec une 'jument parvenue à la force de l'âge, ou qu'une pouliche saillie par un étalon mûr et bien constitué donneront, quelles que soient d'ailleurs les qualités de leurs ancêtres, des productions fortes et robustes. On peut avancer hardiment que, sans exception aucune, il est peu de causes de dégénérescence plus actives que l'accouplement prématuré.

Dans nos plus fameuses races de chevaux d'Europe, celles placées dans les pays en possession des élémens les plus utiles à leur prospérité, on a perdu les qualités qui les distinguaient éminemment, dès que l'on a abandonné le principe de la maturité.

Je m'abstiendrai d'insister sur l'abus dont il s'agit; la chose est sans doute inutile, car il n'est personne au monde qui puisse se dissimuler ses conséquences fâcheuses pour toutes les espèces et surtout pour l'animal qui nous occupe, celui dont on exige les travaux les plus pénibles, les plus fatigans et de la plus longue durée. Je me contenterai donc d'appeler l'attention de nos cultivateurs sur l'incapacité des

Hengsten von vier Jahren durchaus nicht erlaubt wer=
den, wöchentlich mehr als zwei= oder dreimal zu sprin=
gen; nur nach zurückgelegtem sechsten Jahre kann man
die stärksten und gesundesten während der Beschälzeit
alle Tage springen lassen.

Keines der Hausthiere darf diese Regel ungestraft
überschreiten ; sobald es davon abweicht, schadet es
seiner Gesundheit, und seine Abkömmlinge sind noch
mehr oder minder schwächlich, je nachdem es selbst mehr oder
weniger von dem Ziele seiner Entwicklung entfernt war.

Man glaube ja nicht, daß durch die Begattung eines
Hengstfüllens mit einer Stute die im besten Alter ist,
oder durch die eines Stutfüllens mit einem reifen und
kräftigen Hengste, welches auch immer die Eigenschaften
ihrer Vorfahren seyn mochten, gesunde und starke Ab=
kömmlinge erzeugt werden. Man kann dreist behaupten,
daß, ohne irgend eine Ausnahme, wenig Ursachen mäch=
tiger zur Entartung beitragen, als die zu frühzeitige
Begattung.

Bei den schönsten Pferdarten von Europa, bei jenen
aus den Ländern welche im Besitz der geeignetsten Mit=
tel zu ihrem Gedeihen sind, hat man die Eigenschaften
verloren gehen sehen, welche sie in so hohem Grade
auszeichneten, sobald man den Grundsatz der Reife ver=
lassen hatte.

Ich will nicht länger bei dem hier gerügten Miß=
brauch mich aufhalten, dieß wäre wohl überflüßig; denn
niemanden auf der Welt sind die traurigen Folgen des=
selben für alle Thierarten unbekannt, und insonderheit
für diejenige womit wir uns hier beschäftigen, von der
man die schwersten, die mühsamsten und anhaltendsten
Arbeiten verlangt. Ich begnüge mich also bloß damit,
unsere Ackersleute auf die Unfähigkeit der Füllen zur

poulains et pouliches comme reproducteurs, et l'avis,
j'ose le croire, ne restera pas sans effet.

§. IV. *Usage défectueux du javelage.*

Dans les divers écrits que j'ai publiés sur l'éducation des chevaux, je n'ai point fait mention d'un usage absurde et qui, religieusement suivi encore dans quelques communes des départemens de l'intérieur, est cause qu'on ne peut y trouver un grain de bonne avoine. On semblait l'ignorer en Alsace ou en avoir fait justice; car l'année dernière seulement, j'ai pu, en parcourant divers cantons du Bas-Rhin, remarquer que cet abus commençait à s'y introduire. Or, il est constant qu'il affaiblit, qu'il vicie même les propriétés de cette céréale, et je n'en veux pour preuve que l'abandon presque général, où on laisse maintenant l'usage défectueux du javelage. Quels en sont les inconvéniens?

Les cultivateurs des pays à grandes cultures, où l'on récolte des quantités immenses d'avoine, tels que la Beauce, la Brie, la Champagne et la Lorraine, retenus par la force de l'habitude, ont persisté longtemps à laisser, pendant plusieurs semaines, l'avoine sur terre par des temps humides et même pluvieux; ils étaient persuadés que la méthode d'exposer ainsi l'avoine à l'humidité, en javelles assez minces, pour que le grain et la paille ne soient pas dans le cas de pourrir, leur était profitable: ils se fondaient sur ce que le grain acquérait du volume, s'égrenait plus facilement; beaucoup trop confians dans un usage transmis par leurs ancêtres, ils allaient jus-

Begattung aufmerksam zu machen, und ich hoffe die Warnung wird nicht ohne Wirkung bleiben.

§. IV. Uebler Gebrauch, den Hafer in Schwaden der Feuchtigkeit ausgesetzt zu lassen.

In den verschiedenen Schriften welche ich über die Pferdezucht herausgegeben, habe ich eines tadelnswerthen Gebrauchs nicht erwähnt, der in einigen Gemeinden der Departemente des Innern noch gewissenhaft befolgt wird, und welcher Schuld ist, daß man dort kein Körnchen guten Hafers finden kann. Im Elsaß schien man ihn nicht zu kennen, oder ihn aufgegeben zu haben; denn erst im verflossenen Jahre, als ich durch verschiedene Cantone des Nieder=Rheins reisete, bemerkte ich, daß dieser Mißbrauch anfieng sich daselbst einzuschleichen. Eine ausgemachte Sache ist es aber, daß derselbe die Eigenschaften dieser Frucht schwächt, ja sogar verderbt, und der deutlichste Beweis hievon ist der, daß man den übeln Gebrauch, den Hafer in Schwaden der Feuchtigkeit ausgesetzt zu lassen, jetzt fast allgemein aufgegeben hat. Welches sind die Nachtheile besagten Gebrauchs?

Die Ackersleute in den Ländern wo starker Feldbau getrieben, wo außerordentlich viel Hafer gepflanzt wird, wie, zum Beispiel, in der Beauce, der Brie, der Champagne und in Lothringen, hatten lange die Gewohnheit, bei feuchter ja sogar regnerischer Witterung den Hafer auf dem Felde liegen zu lassen; sie waren überzeugt, daß die Methode, den Hafer in so dünnen Schwaden, daß weder das Korn noch das Stroh faulen könne, der Feuchtigkeit ausgesetzt zu lassen, vortheilhaft für sie sey; sie gaben vor, das Korn werde dicker und falle leichter aus der Aehre: viel zu sehr auf einen von ihren Vorältern ererbten Gebrauch ver=

qu'à croire que le javelage donnait du poids aux avoines.

S'il est vrai que le javelage augmente le volume de l'avoine en le faisant gonfler, s'il est vrai qu'elle gagne du poids par l'effet de l'humidité dont elle se trouve alors imprégnée, il n'est pas moins vrai que ce volume extraordinaire et ce poids factice diminuent à mesure que cette denrée sèche : il est démontré par des expériences réitérées que les grains de l'avoine non-javelée, parfaitement secs, sont plus lourds et plus gros que s'ils avaient été javelés.

La réduction qu'éprouve le grain de l'avoine dans le volume et dans le poids par l'effet du javelage, n'est pas le résultat le moins désavantageux de cette vicieuse méthode : il arrive assez fréquemment, les années où la fin de l'été est pluvieuse, que malgré toutes les précautions le grain fermente, se vicie, se décompose, contracte une odeur terreuse, et ainsi altéré, loin d'être propre à la nourriture des chevaux, il est la source de maladies dangereuses.

La paille s'altère également, contracte une odeur désagréable, acquiert des propriétés mal-faisantes et perd ses qualités nutritives ; cependant elle n'en est pas moins employée à la nourriture des bestiaux, et n'est pas moins nuisible à la santé de ces animaux que le grain l'est à celle des chevaux.

Des personnes éclairées bien dignes de confiance, sans doute, ont signalé depuis long-temps l'abus du javelage ; mais il était difficile alors d'arracher nos cultivateurs français de l'ornière de la routine ; les sages conseils de ces hommes éclairés ne furent point appréciés. Dans des temps peu éloignés, il était encore fort difficile d'introduire à la campagne les

trauend, glaubten sie sogar, wenn man den Hafer in Schwaden der Feuchtigkeit aussetze, werde er schwerer.

Wenn es wahr ist, daß durch dieses Mittel das Haferkorn größer und durch die eingedrungene Feuchtigkeit schwerer wird; so ist es auch eben so wahr, daß diese außergewöhnliche Größe und diese vermeintliche Schwere abnehmen, nach Maßgabe als die Frucht trocknet: wiederholte Versuche haben bewiesen, daß die Körner des Hafers welcher nicht der Feuchtigkeit ausgesetzt wurde und ganz trocken blieb, schwerer und größer waren, als wenn dieses Mittel wäre angewandt worden.

Daß das Haferkorn welches der Feuchtigkeit war ausgesetzt worden, an Größe und Gewicht verliert, ist nicht der größte Nachtheil dieser fehlerhaften Methode: sehr häufig geschieht es in den Jahrgängen wo das Ende des Sommers regnerisch ist, daß, aller Vorsicht ungeachtet, das Haferkorn gährt, verdirbt, einen Erdgeruch annimmt, und daß es, auf solche Weise verschlimmert, weit entfernt ein für die Pferde geeignetes Futter zu seyn, die Ursache gefährlicher Krankheiten wird.

Das Stroh verdirbt ebenfalls, nimmt einen widerlichen Geruch, schädliche Eigenschaften an, und verliert seinen Nährstoff; nichtsdestoweniger wird es doch zur Fütterung des Schlachtviehes gebraucht, und ist der Gesundheit dieser Thiere eben so nachtheilig als das Korn jener der Pferde.

Einsichtsvolle Männer, die sicher volles Vertrauen verdienen, haben schon lange gegen den Mißbrauch geeifert, den Hafer in Schwaden der Feuchtigkeit ausgesetzt zu lassen; es hielt aber damals schwer, unsere französischen Ackersleute von ihrem Schlendrian abzubringen; der kluge Rath dieser aufgeklärten Männer fand kein Gehör. In spätern Zeiten noch wär es schwer

innovations même les plus utiles. Les obstacles que le bon *Parmentier* a eu à surmonter pour propager la culture des pommes de terre, n'en sont-ils pas une preuve sensible? Aujourd'hui, que le flambeau des théories éclaire toutes les industries et particulièrement ce qui a trait à l'agriculture, on s'explique difficilement qu'en Alsace, pays essentiellement agricole, on paraisse ignorer encore les funestes conséquences du javelage.

§. V. *Arrosement des prairies.*

On ne peut se rendre compte également que le Bas-Rhin, un des départemens les plus avancés dans la culture des céréales, des légumes, des oléagineux, des vignes, des fourrages artificiels, des tabacs, etc., soit resté en arrière sous le rapport des soins que réclament ses prairies naturelles, la base et l'aliment le plus fécondant des autres cultures. Nulle part en France elles ne sont plus négligées.

Cette indifférence est d'autant plus difficile à justifier, que la nature du terrain, son inclinaison de la chaîne des Vosges au Rhin, et la qualité des eaux concourraient puissamment à fertiliser les prairies.

Le sol de la plaine et des vallées est, à peu d'exceptions près, friable; partout il est incliné favorablement, et il est encore composé des terres les plus propres à alimenter les plantes fourrageuses; les eaux, ainsi qu'il sera dit ci-après, ne laissent non plus rien à désirer pour en accélérer la végétation. Cependant ces belles et bonnes prairies, si favorisées, produisent en grande partie de fort

selbst die nützlichsten Neuerungen einzuführen: sind nicht die Hindernisse, welche der gute Parmentier zu be=kämpfen hatte, um den Erdäpfelbau zu verbreiten, ein sprechender Beweis hievon? Heutzutage, wo die Fackel der Theorien alle Industriezweige beleuchtet, und haupt=sächlich was auf den Feldbau Bezug hat, ist es kaum zu begreifen, daß man im Elsaß, wo der Ackerbau so stark getrieben wird, die traurigen Folgen noch nicht zu kennen scheint, welche daraus entstehen, wenn man den Hafer in Schwaden der Feuchtigkeit ausgesetzt läßt.

§. V. Wässerung der Wiesen.

Man kann sich ebenfalls nicht erklären, daß der Nie=der=Rhein, eines der Departemente welche in dem Bau der Getreidepflanzen, der Hülsenfrüchte, der Oelpflan=zen, der Reben, der Futterkräuter, des Tabaks, u. s. w., die meisten Fortschritte gemacht haben, in der Besor=gung seiner natürlichen Wiesen zurückgeblieben sey, welche doch die Grundlage und das beste Unterhalts=mittel der übrigen Landwirthschaftszweige sind. Nirgends in Frankreich sind sie so vernachläßiget.

Diese Gleichgültigkeit läßt sich um so weniger recht=fertigen, da die Beschaffenheit des Bodens, sein Ab=hang von der vogesischen Gebirgskette nach dem Rheine hin, und die Eigenschaft des Wassers, mächtig beitra=gen würden, die Wiesen fruchtbar zu machen.

In der Ebne und in den Thälern ist der Boden, mit wenig Ausnahme, zerreiblich; überall hat er einen vortheilhaften Abhang und eignet sich sehr zum Futter=kräuterbau; das Wasser, wie hiernach wird gesagt wer=den, läßt zur Beförderung des Wachsthums ebenfalls nichts zu wünschen übrig: dennoch bringen diese schönen

mauvais foin, ou n'en donnent que très-peu, et cela parce que le lit des rivières et des ruisseaux étant trop étroit, obstrué, les eaux en sortent, s'emparent des prairies basses, y séjournent souvent pendant plusieurs mois, y pourrissent le sol et n'en disparaissent d'ordinaire que quand les chaleurs de l'été viennent les absorber.

Les prés ainsi submergés ne produisent guère que des plantes aquatiques, telles que la lèche, le jonc, la prêle, la renoncule, etc.; tandis que dans les prés à l'abri des inondations, ou qui ne sont inondés que momentanément, on y trouve pimprenelle, jacée, trèfle de diverses sortes, en un mot, toutes les plantes dont se composent les meilleurs fourrages; mais comme les prés hauts, par la nature des terrains, leur exposition, une température souvent brûlante, auraient grand besoin d'être arrosés, et comme ils en sont généralement privés, leur récolte est rarement abondante.

Il résulte de cet état de choses que les parties basses de ces prés ne fournissent que de mauvais fourrages et que les parties élevées n'en donnent que très-peu.

Les nombreuses rivières et la multitude de ruisseaux qui arrosent ou baignent cet excellent pays, sont aussi favorables, à partir de leur source et jusqu'à leur confluent, à la prospérité de la végétation qu'à l'économie animale : leurs parties constituantes, leur température et leur rapidité concourent également à ce double but.

Les eaux contribuent beaucoup à fertiliser les prairies de la plaine et des vallées du Haut-Rhin, par les sages dispositions qu'ont su prendre les ha-

und so begünstigten Wiesen nur sehr schlechtes oder
nur wenig Heu hervor, die Ursache davon ist, daß,
weil das Bett der Flüsse und Bäche zu schmal und
oft verstopft ist, das Wasser austritt, die niedrig lie=
genden Wiesen überschwemmt, oft bisweilen mehrere
Monate lang darauf stehen bleibt, den Boden faulen
macht, und gewöhnlich nur dann verschwindet, wenn
die Sommerhitze eintritt.

Dergleichen überschwemmt gewesene Wiesen bringen
beinahe nichts als Sumpfpflanzen hervor, wie, zum
Beispiel, Liesch, Binsen, Schachtelhalm, Sumpf=Ra=
nunkeln, und dergleichen, während auf den vor Ueber=
schwemmung geschützten Wiesen, oder auf solchen die
nur augenblicklich überschwemmt werden, die Pimpi=
nelle, die Flockenblume, verschiedene Kleearten, mit
einem Worte, die besten Futterkräuter wachsen: da
aber die hochliegenden Wiesen, ihres Bodens, ihrer
Lage und einer oft brennend heißen Temperatur wegen
sehr nöthig hätten bewässert zu werden, und dieß nicht
geschieht, so geben sie selten viel Heu.

Aus diesem Zustand der Dinge geht hervor, daß
die niedrigen Theile dieser Wiesen nur schlechtes, und
die hochliegenden Theile nur sehr wenig Futter liefern.

Die zahlreichen Flüsse und die Menge Bäche welche
dieses vortreffliche Land von ihrer Quelle an bis zu
ihrem Ausflusse bewässern oder bespülen, fördern eben
so sehr das Gedeihen der Pflanzen als des thierischen
Lebens; ihre Bestandtheile, ihre Temperatur und ihr
schneller Lauf wirken ebenfalls zu diesem doppelten
Zwecke mit.

In der Ebne und in den Thälern des Ober=Rheins
trägt das Wasser viel dazu bei die Wiesen fruchtbar
zu machen, durch die klugen Einrichtungen welche die

bitans de ce département. Le Bas-Rhin laisse beaucoup à désirer sous ce rapport, et il est inconcevable que ses habitans, qui excellent, comme leurs voisins, en tout ce qu'ils entreprennent d'ailleurs, se soient un peu négligés, quant à l'entretien de leurs prairies, qui ne sont pas en aussi bon état que l'on pourrait être en droit de l'attendre de leur vigilance accoutumée. Cependant leur position inclinée, et la qualité du terrain et des eaux, offrent plus de ressources que dans le Haut-Rhin, et notamment dans les arrondissemens de Belfort et d'Altkirch, où, par suite d'une température plus froide, le sol est moins généreux.

Si l'on donnait à ces rivières et ruisseaux une largeur suffisante et une direction aussi rectiligne que le comporteraient les surfaces des localités, ainsi que l'intérêt général et particulier; si ces rivières et ruisseaux étaient curés chaque année; si des digues étaient construites partout où elles seraient reconnues nécessaires pour empêcher les eaux de sortir de leur lit, et si enfin il était établi des éclusettes là où elles pourraient être utiles pour pratiquer des irrigations sur les points nombreux où en réclame la fertilité de nos prairies, nos récoltes en seraient plus que doublées et les qualités de nos fourrages de beaucoup améliorées.

§. VI. *Dessèchement des marais.*

Il est encore un point d'une bien haute importance, et qui produirait d'heureux résultats sous plus d'un rapport; mais dans le Bas-Rhin, comme dans une grande partie de la France, on est loin

Bewohner dieses Departements zu treffen wußten. Der Nieder=Rhein läßt in dieser Hinsicht noch viel zu wün= schen übrig, und es ist unbegreiflich daß dessen Bewoh= ner, welche sich, wie ihre Nachbarn, in allem auszeich= nen was sie unternehmen, die Unterhaltung ihrer Wiesen etwas vernachläßiget haben, welche nicht in einem so guten Zustande sind, als man es von ihrer gewohnten Scharfsichtigkeit erwarten dürfte, und doch bietet die abhängige Lage ihrer Wiesen, und die Be= schaffenheit des Bodens und des Wassers, mehr Hilfs= mittel dar, als im Ober=Rheine, besonders in den Bezirken von Belfort und Altkirch, wo wegen der käl= tern Temperatur der Boden minder ergiebig ist.

Wenn man diesen Flüssen und Bächen eine hinläng= liche Breite und eine so gerade Richtung gäbe, als es der Boden, wie auch das allgemeine und Privat=In= teresse erlaubten; wenn diese Flüsse und Bäche jedes Jahr gesäubert würden; wenn überall, wo man es für nöthig fände, Dämme aufgeworfen würden, um die Wasser zu verhindern aus ihrem Bette zu treten, und wenn da, wo sie nützlich seyn könnten, kleine Schleu= sen angebracht würden, um die zahlreichen Stellen auf unseren Wiesen zu wässern, wo die Fruchtbarkeit es erforderte, so würden wir doppelt so viel und weit besseres Futter erhalten.

§. VI. Austrocknung der Sümpfe.

Es ist noch ein Gegenstand von sehr hoher Wich= tigkeit, und welcher in mehr als einer Hinsicht glück= liche Resultate herbeiführen würde; allein im Nieder= Rhein, wie in einem großen Theile von Frankreich, ist man weit entfernt aus den Gemeinde=Gütern allen

de tirer tout le parti possible des biens communaux : la divergence des opinions dans les conseils municipaux, l'embarras de se procurer des fonds pour faire exécuter les travaux nécessaires, et la crainte d'être désapprouvé par les gens qui redoutent les innovations, qui veulent rester stationnaires ou qui tiennent trop à l'usage de la vaine pâture, sont des obstacles suffisans pour ne tenter aucune amélioration.

Tandis que la culture des particuliers est en progrès, celle dépendante de la volonté des représentans des communes reste en arrière. Est-il rien, en effet, qui caractérise mieux l'inertie des administrations communales, que les vastes marais qui infectent encore le département?

Il existe dans l'arrondissement de Sélestat un pâturage d'une étendue immense, appartenant à diverses communes des cantons d'Obernai et de Barr, qui ne produit guère que des plantes aquatiques, et cela uniquement parce qu'il est souvent sous l'eau; car la nature du terrain est excellente.

Il serait facile de saigner ce pré de manière à le rendre entièrement à la végétation, et l'opération serait peu dispendieuse, en ce que ce terrain domine assez sensiblement la rivière d'*Andlau*, qui passe dans son voisinage, et dont le lit serait suffisant pour recevoir cette surabondance d'eau, si on le curait dans toute sa largeur, *à vif fond*, régulièrement chaque année.

Ce dessèchement apporterait dans ces cantons une grande fertilité, qui serait fort utile au bien du service dont la direction m'est confiée, et qui concourrait efficacement à la salubrité du pays.

möglichen Nutzen zu ziehen: die Verschiedenheit der
Meinungen in den Gemeinde=Räthen; die Schwierig=
keit sich Geld zu verschaffen, um die nöthigen Arbeiten
vornehmen zu laſſen, und die Furcht, von den Leuten
welche die Neuerungen scheuen und beim Alten bleiben
möchten, oder die zu sehr auf dem Weidgang beharren,
getadelt zu werden, sind hinreichende Beweggründe, um
keine Verbeſſerung zu versuchen.

Während der Ackerbau der Privatpersonen Fort=
schritte macht, bleibt der welcher vom Willen der Stell=
vertreter der Gemeinde abhängt, zurück. In der That,
zeugt wohl etwas beſſer von der Schläfrigkeit der Ge=
meinde=Verwaltungen, als die ungeheuern Sümpfe
welche das Departement noch verpeſten?

Es befindet sich im Schlettstädter Bezirk eine uner=
meßliche Weide, welche verschiedenen Gemeinden der
Cantone Ober=Ehnheim und Barr gehört, wo nichts
wächst, als Sumpfpflanzen, welches einzig und allein
daher kommt, weil sie oft unter Waſſer steht, denn
der Boden an sich selbst ist vortrefflich.

Man könnte diese Wiese leicht abwäſſern, um sie
ganz fruchtbar zu machen, und dieses Geschäft würde
wenig Kosten erfordern, weil dieser Boden merklich
höher liegt als die Andlau, welche in deſſen Nähe
vorbei fließt, und deren Bett hinlänglich wäre um die=
ses überflüſſige Waſſer aufzunehmen, wenn man es re=
gelmäßig jedes Jahr in seiner ganzen Breite bis auf
den Grund säuberte.

Diese Austrocknung würde in jenen Cantonen eine
große Fruchtbarkeit bewirken, welche dem Wohl des
Dienstes deſſen Leitung mir anvertraut ist, sehr zu Stat=
ten käme, und sie würde mächtig beitragen, im Land
die Luft zu verbeſſern.

Un terrain également excellent par sa constitution, mais très-marécageux, qui contient plus de mille hectares, se trouve situé au nord-est à deux lieues de Strasbourg, entre la route de Bischwiller et celle de Lauterbourg. Ce terrain, étant submergé presque constamment depuis de longues années, a dégénéré en un marais, qui ne produit plus que des herbes aquatiques, plutôt nuisibles que favorables au développement des animaux, et qui en précipitent chaque année un certain nombre dans un état de marasme souvent mortel. Ces eaux stagnantes et marécageuses infectent encore l'air de cette contrée; il en résulte à chaque automne des fièvres qui règnent sur les habitans des villages voisins; fléau dont l'humanité a trop souvent occasion de s'affliger.

Le voisinage de ces marais et surtout celui de ce dernier, sont les seules parties du département que l'on puisse considérer comme mal-saines; cependant l'exposition de celui-ci laisse peu à désirer, et sa pente vers le Rhin, d'où il n'est éloigné que d'environ cinq kilomètres, est très-sensible.

L'arrosement de toutes les prairies du Bas-Rhin et le dessèchement de ses marais, est une opération immense. Les plus habiles préfets qui ont administré ce département, tout en appréciant les avantages incalculables qui résulteraient pour tous leurs administrés de cette belle entreprise, ont reculé devant elle.

Cette importante opération présente en elle-même bien moins de difficultés, bien moins d'embarras, exige peut-être moins de talens que l'appréciation légale des droits respectifs ou des obligations de la

Ein ebenfalls vortrefflicher aber sehr sumpfiger Boden, über tausend Hektares groß, befindet sich zwei Stunden nordöstlich von Straßburg, zwischen der Straße von Bischweiler und der von Lauterburg. Da dieser Boden seit langen Jahren fast beständig unter Wasser steht, so ist er zu einem Sumpfe geworden, wo nichts mehr wächst, als Wasserpflanzen, die der Entwicklung der Thiere eher nachtheilig als förderlich sind, und die deren jedes Jahr eine mehr oder minder große Anzahl in einen Siechheits=Zustand versetzen, der oft tödtlich ist. Diese stehenden und sumpfigen Wasser verpesten noch die Luft in dieser Gegend; es entstehen daraus jedes Spätjahr Fieber unter den Einwohnern der benachbarten Dörfer, eine Plage, welche die Menschheit nur allzu oft zu beseufzen hat.

Die Nachbarschaft dieser Sümpfe, und insonderheit die des letztern, sind die einzigen Theile des Departements welche man als ungesund betrachten kann; jedoch läßt die Lage des letztern wenig zu wünschen übrig, und sein Abhang gegen den Rhein hin, von welchem er nur ungefähr fünf Kilometer weit liegt, ist äußerst merklich.

Die Wässerung aller Wiesen im Nieder=Rheine und die Austrocknung seiner Sümpfe ist ein ungeheures Geschäft; die geschicktesten Präfekten welche dieses Departement verwaltet haben, ob sie gleich die unzuberechnenden Vortheile würdigten, welche für alle ihre Verwalteten aus diesem schönen Unternehmen entstehen würden, sind vor demselben zurückgewichen.

Dieses wichtige Geschäft ist an sich selbst weit weniger Schwierigkeiten, weit weniger Hindernissen unterworfen, erfordert vielleicht weniger Talente, als die gesetzliche Würdigung der Gerechtsame oder der Verbindlichkeiten so vieler Eigenthümer, die bei Wiesen

multitude de propriétaires intéressés de prairies, de marais ou d'usines. Il serait impossible sans doute de mettre un terme aux réclamations nombreuses que cette grande entreprise soulèverait, si un code rural ou une loi spéciale ne déterminait ces droits et ces obligations.

On travaille depuis long-temps à la confection de ce code aussi utile qu'impatiemment attendu : si je suis bien informé, il ne tardera pas à paraître. Alors, et seulement alors, l'opération dont il s'agit pourra être effectuée.

Il restera sans doute encore de nombreuses et graves difficultés à vaincre; l'administration départementale n'y faillira pas. Nous pouvons donc nous croire à la veille d'habiter une des plus belles, des plus riches et des plus saines vallées du monde.

A Strasbourg, le 2 Février 1835.

Sümpfen, Hammer= oder sonstigen Werken betheiliget sind. Es wäre ohne Zweifel unmöglich den zahlreichen Reklamationen welche dieses große Unternehmen veranlassen würde, ein Ziel zu setzen, wenn nicht ein Feld=gesetzbuch oder ein besonderes Gesetz diese Gerechtsame und diese Verbindlichkeiten bestimmte.

Schon lange arbeitet man an der Abfassung dieses Gesetzbuchs, welches eben so nützlich ist, als es mit Ungeduld erwartet wird, und wenn ich nicht irre, wird es bald erscheinen: dann, und erst dann kann besagtes Geschäft unternommen werden.

Allerdings werden noch zahlreiche und große Schwierigkeiten aus dem Wege zu räumen bleiben; die Departemental=Verwaltung wird sich nicht davon abschrecken lassen. Wir dürfen also glauben, bald eines der schönsten, der reichsten und der gesundesten Thäler der Welt zu bewohnen.

Straßburg, den 2ten Hornung 1835.

TABLE

DES MATIÈRES.

		Pages.
§. I.er Origine des chevaux de sang ; — leur utilité	....	2
§. II. Avantages de l'éducation domestique ; — divers abus ; — moyens de les prévenir ou d'y remédier	....	18
§. III. Accouplement prématuré	....	34
§. IV. Usage défectueux du javelage	....	38
§. V. Arrosement des prairies	....	42
§. VI. Dessèchement des marais	....	46

FIN.

Inhalt.

§. I. Herkunft der Hengste von unvermischtem Geblüte; — ihr
Nutzen   3

§. II. Vortheile die Füllen im Stalle aufzuziehen; — verschiedene
Mißbräuche; — Mittel ihnen vorzubeugen oder abzuhelfen . .   19

§. III. Zu frühzeitige Begattung   35

§. IV. Uebler Gebrauch, den Hafer in Schwaden der Feuchtigkeit
ausgesetzt zu lassen   39

§. V. Wässerung der Wiesen   43

§. VI. Austrocknung der Sümpfe   47

Ende